SISTEMAS AUXILIARES BUQUES

AMARRE Y FONDEO

Raúl Villa Caro

Ingeniero Naval y Oceánico
Capitán de la Marina Mercante
Profesor Asociado EPS

1

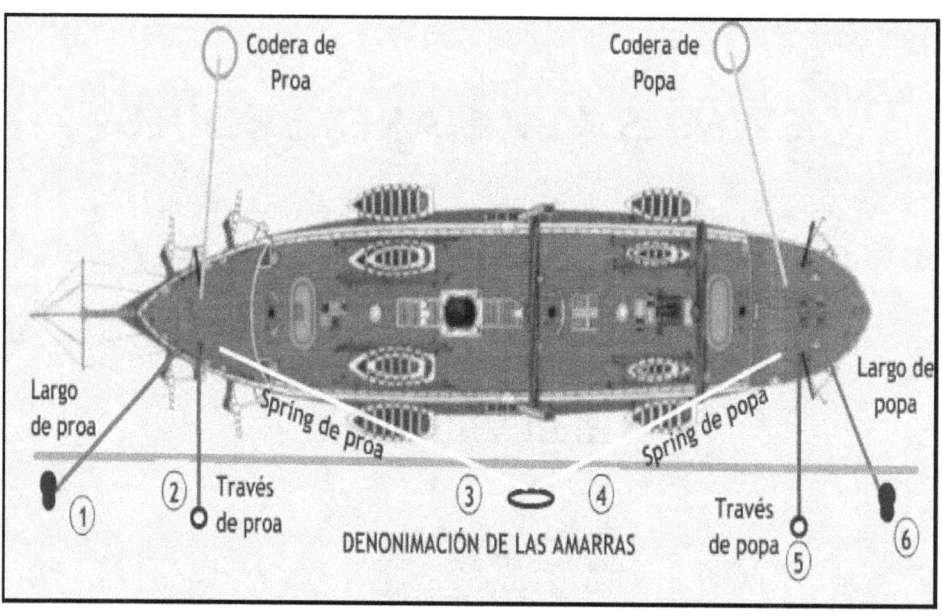

Codera de Proa

Codera de Popa

Largo de proa

Spring de proa

Largo de popa

Spring de popa

Través de proa

Través de popa

DENONIMACIÓN DE LAS AMARRAS

① ② ③ ④ ⑤ ⑥

MISIONES DE LAS AMARRAS.

LARGO.-Son las amarras que saliendo por la proa o por la popa trabajan hacia la proa o popa indistintamente .Se usan para colocar el barco en una situación inicial y se dan lo más lejos posible hacia delante o hacia atrás respectivamente.

Sirven par mantener el buque pegado al muelle de atraque y fundamentalmente para evitar los desplazamientos longitudinales del mismo.

Por lo tanto el largo de proa evitara que el buque se mueva hacia popa y el largo de popa que el buque se mueva hacia popa.

TRAVES.-Son amarras que trabajan perpendicularmente al plano longitudinal del buque Y, por lo tanto se utilizan para dejar el barco aconchado a aquel.

Su principal misión consiste en evitar que el que el barco despegue de su atraque es decir evitar el movimiento transversal de barco respecto de su atraque.

SPRING.-Son las amarras que saliendo por la proa o por la popa, trabajan hacia la cabeza contraria de aquella por la que salen. Por lo tanto los springs de proa trabajaran hacia popa y los springs de popa trabajaran hacia popa.

Se utiliza para dejar el barco parado y en posición- Su principal misión es evitar los movimientos longitudinales del barco cuando esta atracado. De esta forma el spring de proa evitar que el barco se desplace hacia proa y el de popa evitara que se mueva hacia popa.

CODERA -Son cadenas, cables o cabos que se dan en la proa y popa del buque y se amarran ala banda contraria de atraque haciéndolas firmes a una boya, un muerto etc.

Suelen trabajar en dirección perpendicular o casi perpendicular en función de sus condiciones de atraque al plano longitudinal del buque.

Se usan para mantener el buque separado del muelle cuando las condiciones de viento y mar así lo demanden, evitando que el costado del barco se golpee contra el muelle.

También sirven de ayuda para separar el buque del muelle en aquellas maniobras que así lo requieran

NORAY O BOLARDO:
PIEZAS DE HIERRO O ACERO COLOCADAS EN LOS
MUELLES, A CIERTA DISTANCIA UNAS DE OTRAS, Y
SIRVEN PARA ENCAPILLAR LAS **ESTACHAS**

•EL BOLARDO TIENE UNA MISIÓN IDÉNTICA AL NORAY
DIFERENCIÁNDOSE DE ESTE EN SU TERMINACIÓN MÁS
ANCHA EN LA CABEZA, CON EL EFECTO DE HACER MAS
DIFÍCIL QUE LA GAZA PUEDA ZAFARSE DE ÉL CUANDO
SE <u>ENCAPILLA</u>

4

ENCAPILLAR CONSISTE EN INTRODUCIR LA GAZA EN EL NORAY. SI YA HUBIERA OTRAS, LA FORMA DE INTRODUCIR NUESTRA GAZA SERÍA POR DENTRO DE LAS GAZAS YA ENCAPILLADAS, COMO SE VE EN LA FIGURA. DE ESTA MANERA CUALQUIERA DE LAS GAZAS EXISTENTES SE PODRÍAN DESENCAPILLAR SIN DIFICULTAD. SI POR EL CONTRARIO LA NUEVA AMARRA SE PONE ENCIMA, IMPIDE QUE LA DE ABAJO SE PUEDA LARGAR.

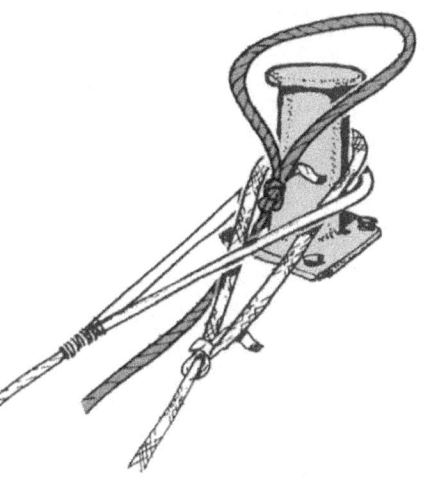

DEFENSA.-

PROTECCIÓN QUE SE EMPLEAN BIEN EN LAS EMBARCACIONES O EN LOS MUELLES CONTRA ROCES Y GOLPES EN CUALQUIER CASO. EN LAS EMBARCACIONES SE CUELGAN POR LA BORDA HASTA LA FLOTACIÓN, EN LOS MUELLES SE CUELGAN DE LAS ARGOLLAS O DE LOS BOLARDOS.

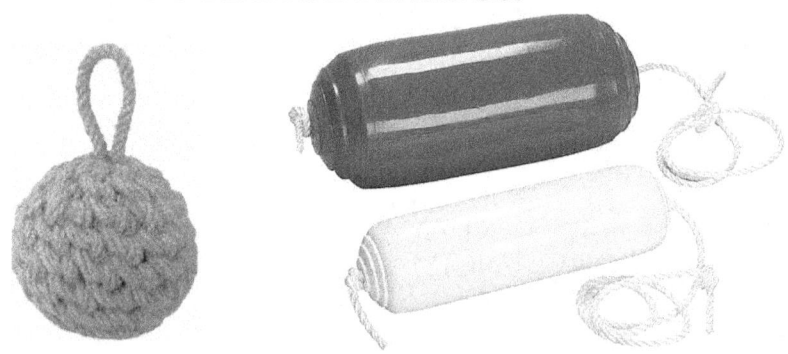

BOZA.- ES UN CABO O CADENA DE CORTA LONGITUD, FIJO POR UNO DE SUS EXTREMOS A UN CÁNCAMO, BITA U OTRO LUGAR DE CUBIERTA Y CUYO OTRO EXTREMO DESPUÉS DE DAR CON EL VARIAS VUELTAS ALREDEDOR DE LA AMARRA QUE SE ESTÁ VIRANDO, SE ENCARGA DE MANTENER TENSA DICHA AMARRA MIENTRAS SE TOMAN VUELTAS A LA BITA.

HACHA: NECESARIA PARA PICAR LAS ESTACHAS EN UNA EMERGENCIA

MANDARRIA; MAZO GRANDE PARA DISPARAR BOZA ANCLA EN CASO DE EMERGENCIA.

CAJA HERRAMIENTAS.

7

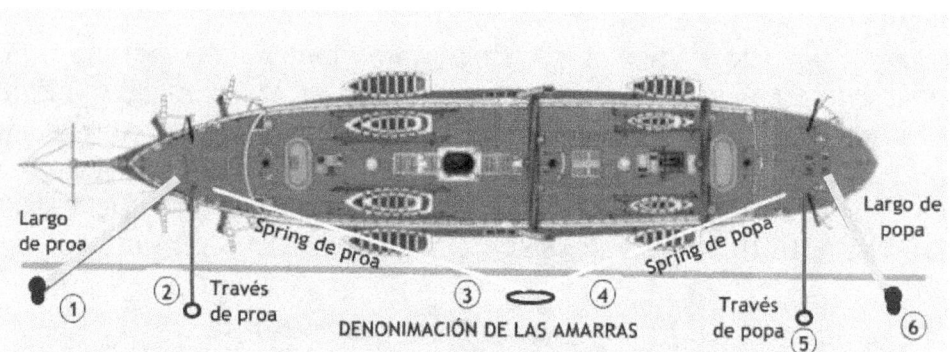

Largo de proa

Spring de proa

Largo de popa

① ② Través de proa

Spring de popa

Través de popa

③ ④ ⑤ ⑥

DENONIMACIÓN DE LAS AMARRAS

•LARGOS.-SON LAS AMARRAS QUE SALIENDO POR LA PROA O POR LA POPA TRABAJAN HACIA LA PROA O POPA INDISTINTAMENTE .SE USAN PARA COLOCAR EL BARCO EN UNA SITUACIÓN INICIAL Y SE DAN LO MAS LEJOS POSIBLE HACIA DELANTE O HACIA ATRÁS RESPECTIVAMENTE

•SIRVEN PAR MANTENER EL BUQUE PEGADO AL MUELLE DE ATRAQUE Y FUNDAMENTALMENTE PARA EVITAR LOS DESPLAZAMIENTOS LONGITUDINALES DEL MISMO. POR LO TANTO EL LARGO DE PROA EVITARA QUE EL BUQUE SE MUEVA HACIA POPA Y EL LARGO DE POPA QUE EL BUQUE SE MUEVA HACIA POPA

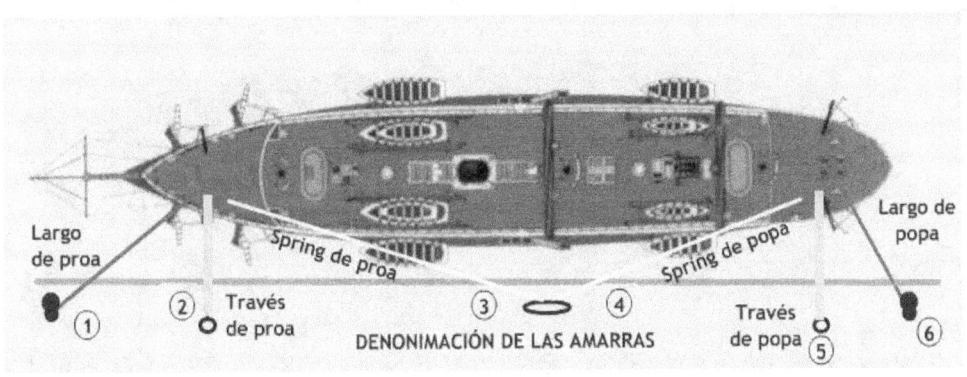

Largo de proa ① Través de proa ② Spring de proa ③ ⬭ ④ Spring de popa Través de popa ⑤ Largo de popa ⑥

DENONIMACIÓN DE LAS AMARRAS

•TRAVES.- AMARRAS QUE TRABAJAN PERPENDICULARMENTE AL PLANO LONGITUDINAL DEL BUQUE Y, POR LO TANTO SE UTILIZAN PARA DEJAR EL BARCO ACHONCHADO A AQUEL.

•SU PRINCIPAL MISION CONSISTE EN EVITAR QUE EL QUE EL BARCO DESPEGUE DE SU ATRAQUE, ES DECIR, EVITAR EL MOVIMIENTO TRANSVERSAL DE BARCO RESPECTO DE SU ATRAQUE.

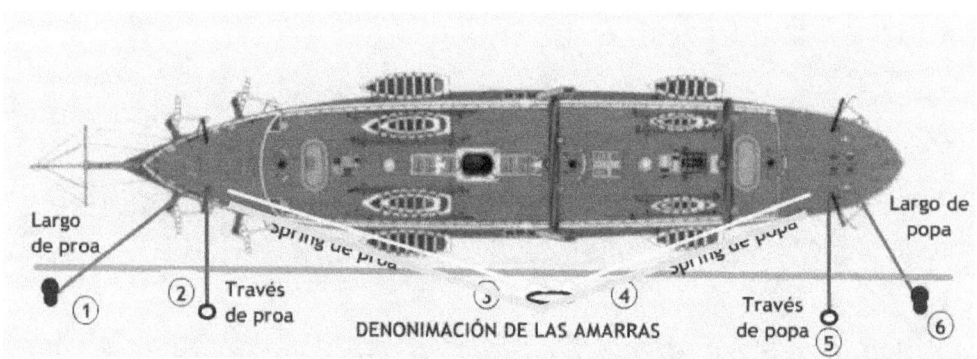

Largo de proa ① ② Través de proa ③ ④ DENONIMACIÓN DE LAS AMARRAS Través de popa ⑤ Largo de popa ⑥

•SPRING.-SON LAS AMARRAS QUE SALIENDO POR LA PROA O POR LA POPA, TRABAJAN HACIA LA CABEZA CONTRARIA DE AQUELLA POR LA QUE SALEN. POR LO TANTO LOS SPRINGS DE PROA TRABAJARAN HACIA POPA Y LOS SPRINGS DE POPA TRABAJARAN HACIA POPA

•SE UTILIZA PARA DEJAR EL BARCO PARADO Y EN POSICIÓN. SU PRINCIPAL MISION ES EVITAR LOS MOVIMIENTOS LONGUITUDINALES DEL BARCO CUANDO ESTÁ ATRACADO. DE ESTA FORMA EL SPRING DE PROA EVITA QUE EL BARCO SE DESPLACE HACIA PROA Y EL DE POPA EVITA QUE SE MUEVA HACIA POPA.

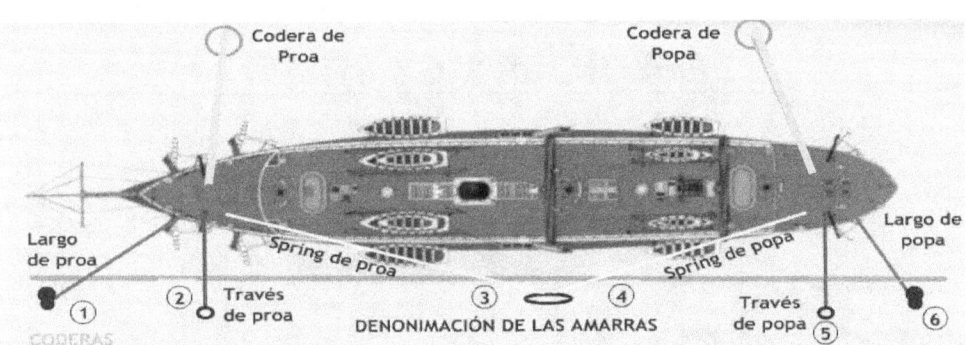

Codera de Proa · Codera de Popa · Largo de proa · Largo de popa · Spring de proa · Spring de popa · Través de proa · Través de popa · DENONIMACIÓN DE LAS AMARRAS · CODERAS · ① ② ③ ④ ⑤ ⑥

•CODERAS.- SON CADENAS, CABLES O CABOS QUE SE DAN EN LA PROA Y POPA DEL BUQUE Y SE AMARRAN A LA BANDA CONTRARIA DE ATRAQUE HACIÉNDOLAS FIRMES A UNA BOYA , .MUERTO ETC. SUELEN TRABAJAR EN DIRECCIÓN PERPENDICULAR O CASI PERPENDICULAR EN FUNCIÓN DE SUS CONDICIONES DE ATRAQUE AL PLANO LONGITUDINAL DEL BUQUE. SE USAN PARA MANTENER EL BUQUE SEPARADO DEL MUELLE CUANDO LAS CONDICIONES DE VIENTO Y MAR ASÍ LO DEMANDEN, EVITANDO QUE EL COSTADO DEL BARCO GOLPEE CONTRA EL MUELLE. TAMBIEN SIRVEN DE AYUDA PARA SEPARAR EL BUQUE DEL MUELLE EN AQUELLAS MANIOBRAS QUE ASÍ LO REQUIERAN

MANIOBRA CASTILLO

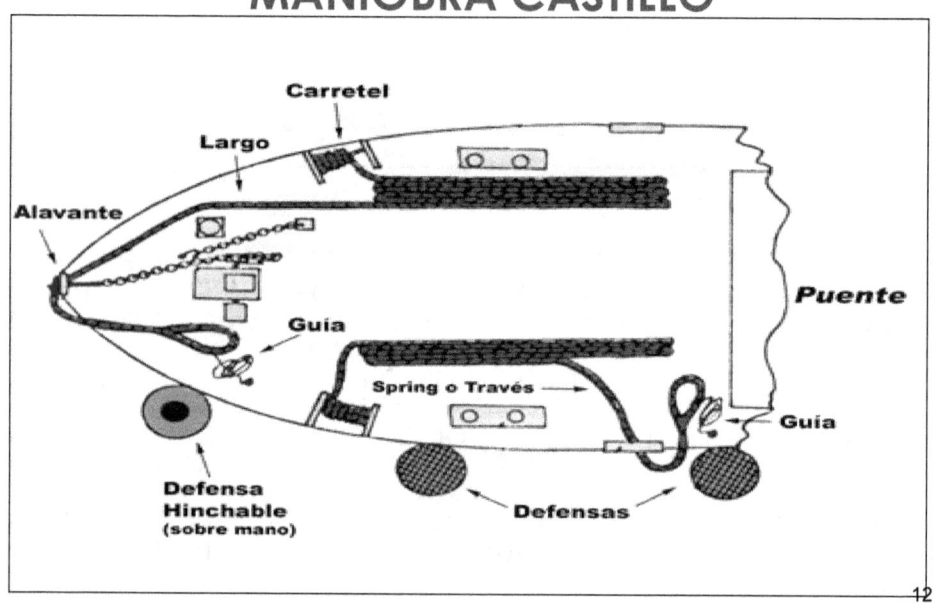

MANIOBRA TOLDILLA

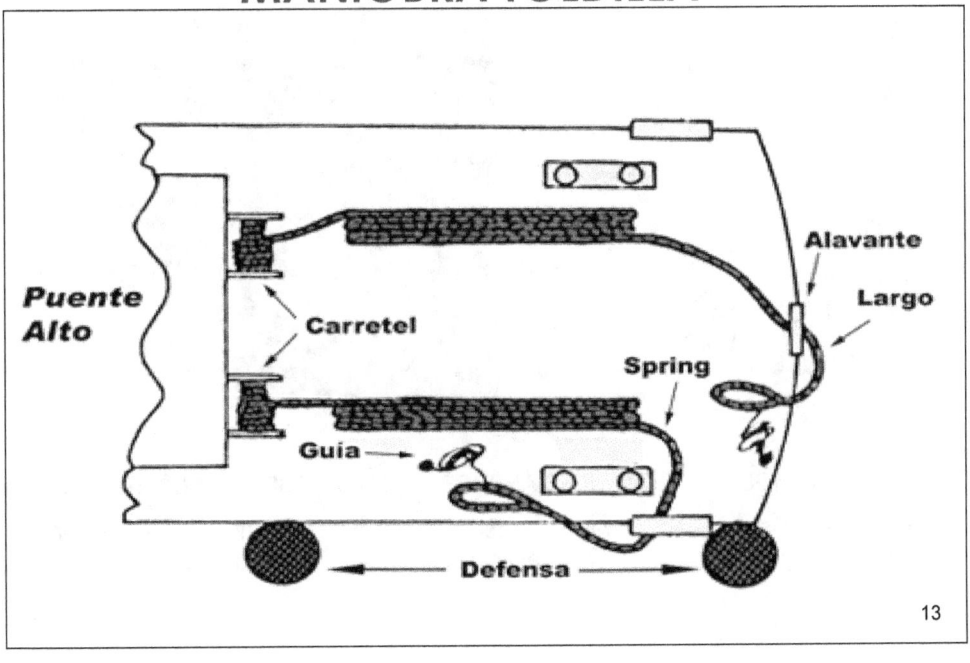

Puente Alto

Carretel

Alavante

Largo

Spring

Guia

Defensa

13

ANCLAS

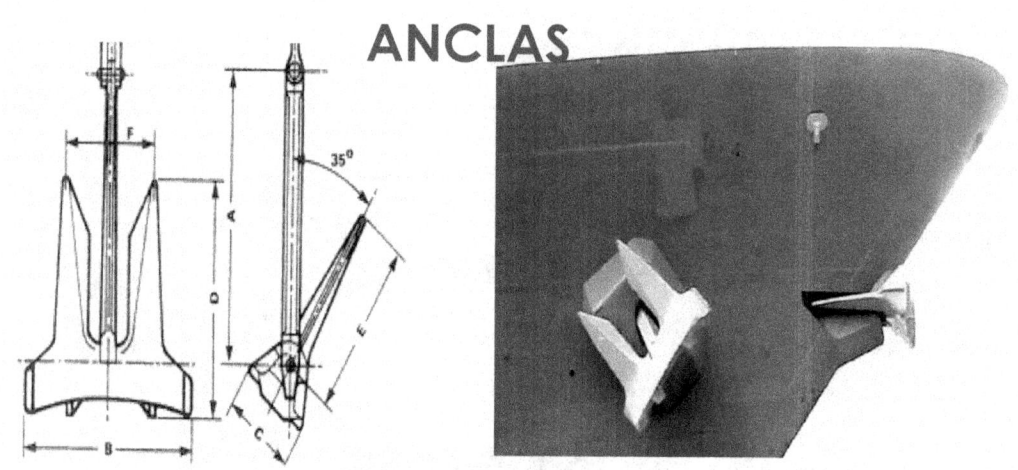

AC-14 HIGH HOLDING   POWER ES ANCHOR LA USADA POR LAS NUEVAS F-100

Los buques, según su tonelaje, llevan un número determinado de anclas. Las Sociedades de Clasificación y la legislación de cada país marítimo, determinan el número y peso de las anclas que ha de llevar un buque.

14

•CADENAS

➤ LAS CADENAS SE FABRICAN EN RAMALES O TROZOS QUE OSCILAN ENTRE 25 Y 30 METROS, DENOMINADOS GRILLETES DE CADENA. LA LONGITUD NORMAL AL SALIR DE FÁBRICA SON 15 BRAZAS, UNOS 27 METROS.

➤ LAS CADENAS UTILIZADAS EN LA MANIOBRA DE FONDEO SE LIMITAN A DOS TIPOS EXCLUSIVAMENTE: SIN CONTRETE, O CON CONTRETE, SIENDO ÉSTE UN TRAVESAÑO DE FUNDICIÓN QUE EN EL SENTIDO DEL EJE MENOR LLEVAN LOS ESLABONES CON OBJETO DE AUMENTAR SU RESISTENCIA Y EVITAR QUE LA CADENA TOME VUELTAS O COCAS SOBRE SÍ MISMA. LOS GRANDES BUQUES UTILIZAN EXCLUSIVAMENTE CADENA CON CONTRETE.

•TIPOS DE ESLABON

•SIN CONTRETE

EL PRIMER Y ÚLTIMO ESLABÓN DE CADA GRILLETE DE CADENA ES SIN CONTRETE CON OBJETO DE FACILITAR LA UNIÓN ENTRE GRILLETES Y LA UNIÓN DE LA CADENA AL ANCLA; ESTE ESLABÓN ES MÁS GRUESO QUE LOS DEMÁS PARA QUE SU RESISTENCIA SEA LA MISMA QUE LA DE LOS ESLABONES CON CONTRETE.

16

•CADENAS

DIMENSIONES DE LAS CADENAS.- SE ENTIENDE POR DIMENSIÓN DE UNA CADENA AL DIÁMETRO O CALIBRE DE LA BARRA DE QUE HA SIDO FORMADO EL ESLABÓN. EL CALIBRE DE LA CADENA A EMPLEAR DEPENDE DEL DESPLAZAMIENTO DEL BUQUE.

LONGITUD DE LA CADENA.- LA LONGITUD TOTAL DE LA CADENA ES FUNCIÓN DEL DESPLAZAMIENTO DEL BUQUE.

GRILLETE DE ENTALIGADURA.- SE UTILIZA PARA ENTALINGAR EL ANCLA (UNIR LA CADENA AL ANCLA).

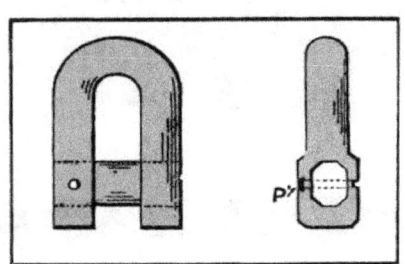
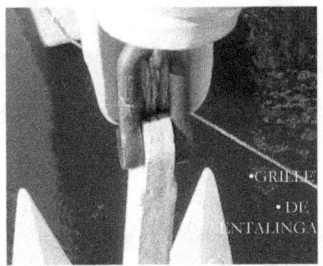

•CADENAS

La unión de los grilletes de cadena se hace con un grillete de unión

•GRILLETE KENTER O DE UNIÓN

•GRILLETES DE UNIÓN.-ES UN GRILLETE DESMONTABLE DE ACERO FORJADO. ESTÁ FORMADO POR:

•DOS MITADES (O MEDIOS GRILLETES)

•UN CONTRETE.

•UN PERNO.

•UN ORIFICIO O GROERA

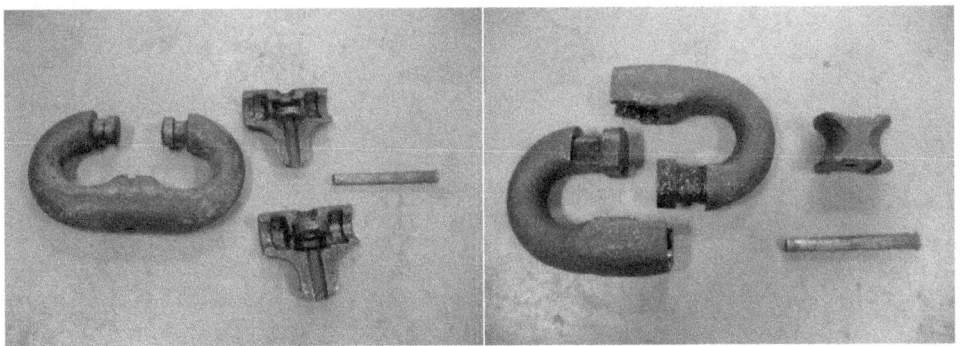

•GRILLETE KENTER O DE UNIÓN

CÓMO SE MONTA:

1) RECUBRIMOS LA SUPERFICIE DE CONTACTO CON UNA LIGERA CAPA DE SEBO O ALBAYALDE APLICADOS EN CALIENTE.

2) SUS DOS MEDIOS GRILLETES SE UNEN DESLIZÁNDOSE ENTRE SÍ, EN DIRECCIÓN PERPENDICULAR A LA DEL ESFUERZO DE LA CADENA.

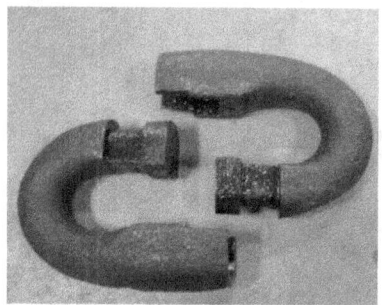 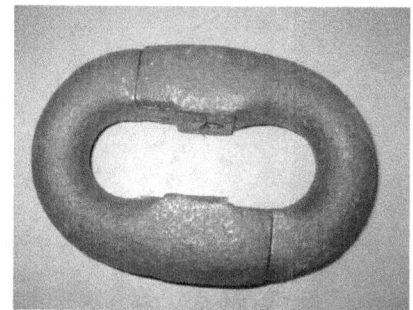

3) A CONTINUACIÓN COLOCAMOS EL CONTRETE QUE IMPIDE QUE SE ABRAN AMBAS MITADES.

4) SEGUIDAMENTE METEMOS EL PERNO DIAGONALMENTE COMO SE VE EN LA FIGURA.

5) EL PERNO SE MANTIENE EN POSICIÓN MEDIANTE UN PEGOTE DE PLOMO DERRETIDO SOBRE UNA RANURA QUE A TAL FIN EXISTE EN LA CABEZA MÁS ANCHA DEL PERNO.

6) PARA SU RECONOCIMIENTO Y ENGRASE ESTOS GRILLETES CONVIENE DESARMARLOS UNA VEZ AL AÑO.

•CONTRETE

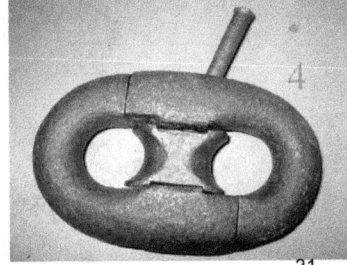

OTRO TIPO DE GRILLETE DE UNION

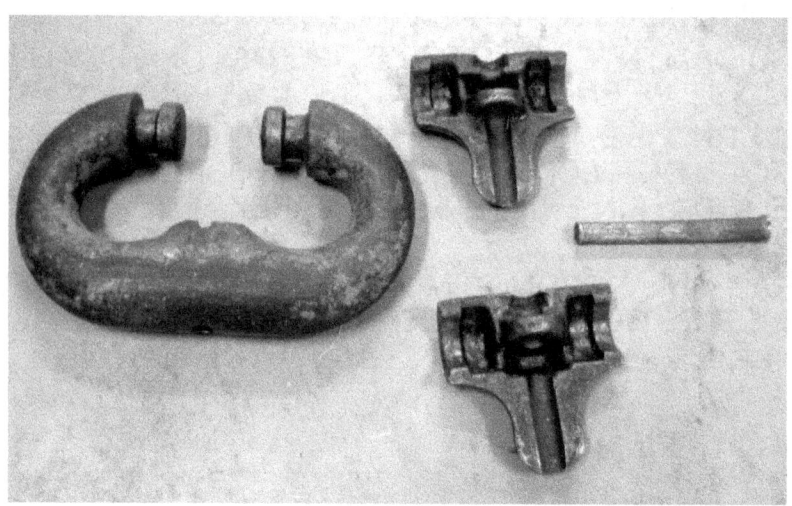

•El contrete en este tipo de KENTER esta formado por un contrete dividido en dos mitades que se unen

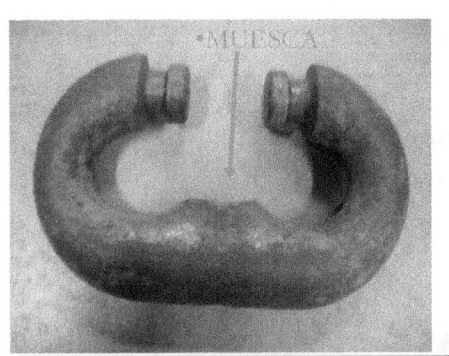

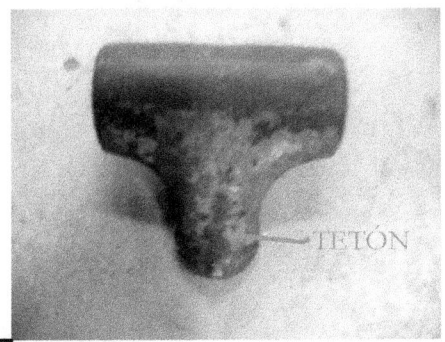

•Cuando se monte el contrete, hay que tener la precaución que la mitad que tiene un pequeño tetón coincida con la muesca que posee el KENTER

23

•RAMAL GIRATORIO

CON EL FIN DE EVITAR QUE LA CADENA TOME VUELTAS SOBRE SÍ MISMA CUANDO EL BARCO CAMBIA SU POSICIÓN, PRÓXIMO AL ANCLA SE COLOCA UN RAMAL DE CADENA CON UN GRILLETE GIRATORIO.

•GIRATORIO

•MARCADO DE LA CADENA

KENTER:ROJO, BLANCO, AZUL, ROJO, BLANCO, AZUL …

ESLABONES ADYACENTES: TODOS BLANCOS, TANTOS POR CADA LADO DEL KENTER COMO EL NÚMERO DE GRILLETE.

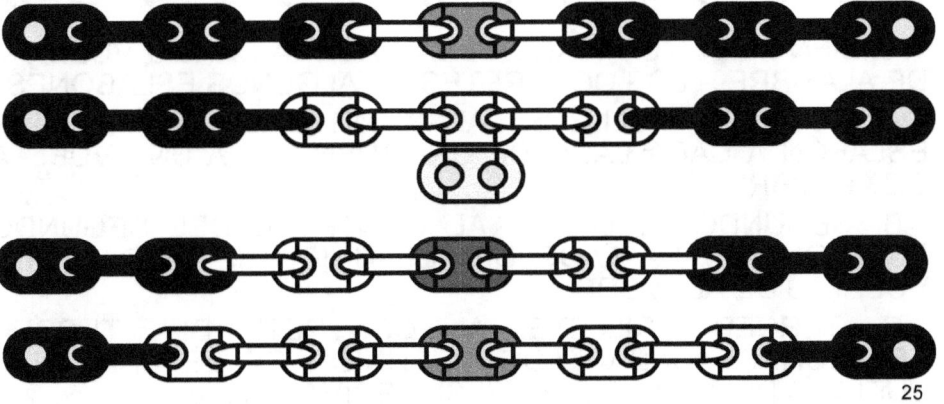

➢EL PENÚLTIMO GRILLETE LO PINTAMOS TODO DE AMARILLO (LOS 25 O 27 METROS), Y EL ÚLTIMO LOS PINTAMOS TODO DE ROJO.

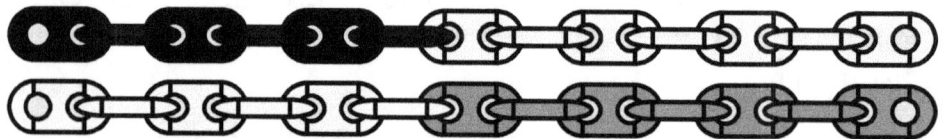

TAMBIÉN PODEMOS MARCAR LA CADENA DANDO VUELTAS DE ALAMBRE A LOS CONTRETES DE ALGUNOS ESLABONES:

A. PRIMER GRILLETE: AL CONTRETE DEL PRIMER ESLABÓN A CADA LADO DE UNIÓN SE LE DA UNA VUELTA DE ALAMBRE.

B. SEGUNDO GRILLETE: AL CONTRETE DEL SEGUNDO ESLABÓN A CADA LADO DEL DE UNIÓN SE LE DAN DOS VUELTAS DE ALAMBRE.

C. TERCER GRILLETE: AL CONTRETE DEL TERCER ESLABÓN DE CADA LADO DE UNIÓN SE LE DAN TRES VUELTAS DE ALAMBRE. Y ASÍ SUCESIVAMENTE. 26

Ingeniero Naval y Oceánico Capitán de la
Marina Mercante Profesor Asociado EPS

27

•MARCADO DE LA CADENA

CADA CADENA TIENE SU CORRESPONDIENTE CAJA DE CADENAS QUE ES EL LUGAR DE A BORDO DONDE VA ESTIBADA LA CADENA. LA CADENA SE UBICADA BAJO CUBIERTA Y DESCANSANDO SOBRE LA SOBREQUILLA. EN EL PISO DE LA CAJA HAY UNA COMUNICACIÓN CON LA SENTINA AL OBJETO DE RECOGER EL AGUA Y FANGO QUE ESCURRA DE LA CADENA.

➢LA GATERA ES EL TUBO QUE COMUNICA LA CAJA DE CADENAS CON LA CUBIERTA, POR DONDE PASA LA CADENA ARRASTRADA POR EL CABRESTANTE.

➢EL ESCOBÉN ES EL TUBO DE ACERO QUE COMUNICA LA CUBIERTA CON LA AMURA, AL OBJETO DE QUE POR ÉL PASE LA CADENA Y A SU VEZ SIRVA DE ALOJAMIENTO AL ANCLA. LA CAÑA DEL ANCLA ENTRA COMPLETAMENTE EN EL ESCOBÉN Y LOS BRAZOS SE ATOCHAN CONTRA EL COSTADO.

•CAJA DE CADENAS

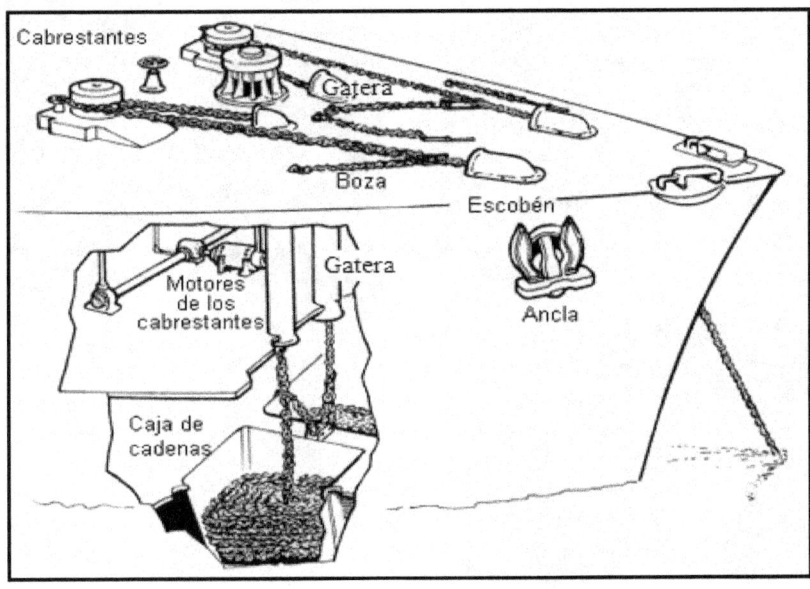

Cabrestantes

Gatera

Boza

Escobén

Gatera

Motores
de los
cabrestantes

Ancla

Caja de
cadenas

29

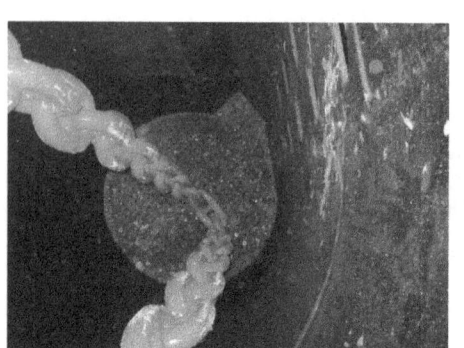

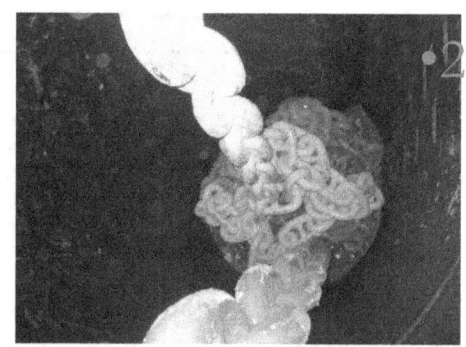

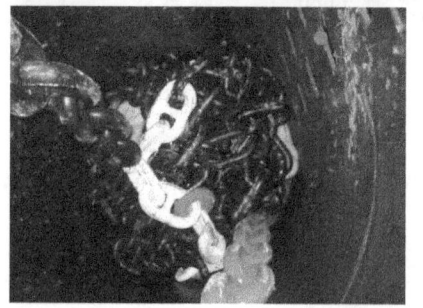

•1.-VISTA INTERIOR CAJA CADENAS
•2.ESTIBA ULTIMO Y PENULTIMO GRILLETE
•3.-ESTIBA CUARTO GRILLETE

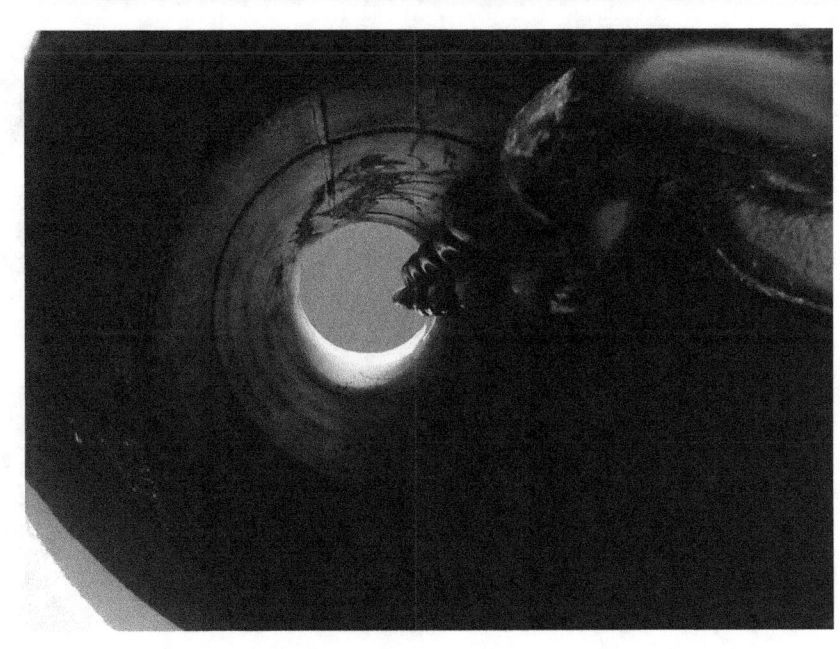

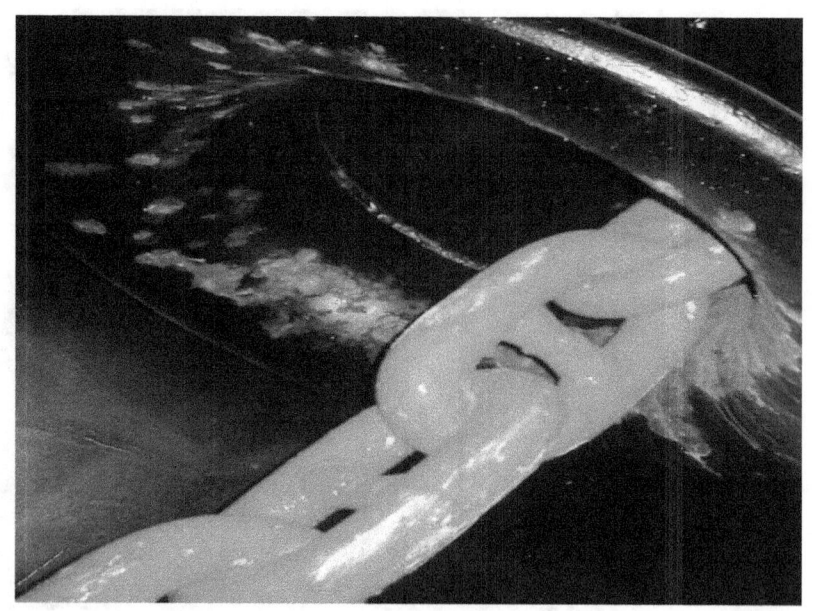

•CAJA DE CADENAS

•EL EXTREMO FINAL DE LA CADENA SE UNE, POR MEDIO DE UN GANCHO DISPARADOR, A UN GRILLETE QUE VA FIRME AL BUQUE, LLAMADO MALLA.

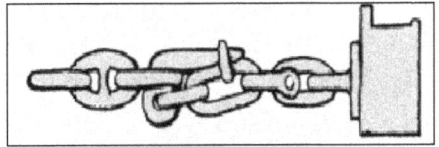

•ACTUALMENTE ESTE GANCHO DISPARADOR SE HA SUSTITUIDO POR UN PASADOR QUE ATRAVIESA EL ESLABÓN SIN CONTRETE DEL ULTIMO GRILLETE DE LA CADENA, TAL COMO SE VE EN LA FIGURA, Y QUE SUELE IR COLOCADO EN EL PAÑOL DE CONTRAMAESTRE EN LAS INMEDIACIONES DE LA CAJA DE CADENAS, LO QUE HACE INNECESARIO LA BAJADA ALA MISMA YA QUE PUEDE SER DISPARADO FÁCILMENTE DESDE SU UBICACIÓN SACANDO EL PASADOR CIZALLABLE. ESTE PASADOR VA COLOCADO EN UN CÁNCAMO LAMADO **"CÁNCAMO DE ENTALINGADO"**.

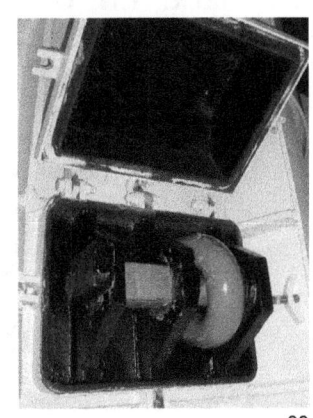

33

•BOZAS

PARA EVITAR QUE EL ANCLA PUEDA CAERSE AL AGUA, SON NECESARIOS LOS ELEMENTOS DE TRINCA: BOZAS, MORDAZAS, GANCHOS TENSORES....

•LA BOZA DE LA CADENA DEL ANCLA, ES UN RAMAL DE CADENA QUE TIENE EN UNO DE LOS CHICOTES, UN GANCHO CON DISPARADOR PARA ASEGURAR LA CADENA DEL ANCLA (GANCHO DE GAVILÁN) Y EN EL OTRO CHICOTE, UN TENSOR PARA TEMPLARLA.

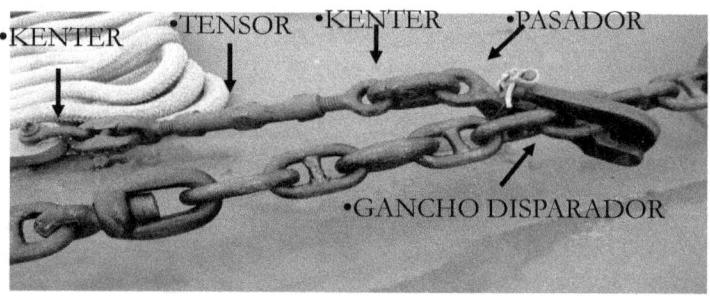

•ESTOPOR

ES UN ELEMENTO QUE SIRVE PARA AHORCAR LA CADENA, CON OBJETO DE AFIRMARLA, Y EVITAR ASÍ QUE TRABAJE SOBRE LA CORONA DEL BARBOTÉN LIBERANDO A ESTE DE ESFUERZOS INNECESARIOS. LA MORDAZA SE SUELE COLOCAR A MEDIO CAMINO ENTRE LA MÁQUINA DE LEVAR Y EL BARBOTÉN

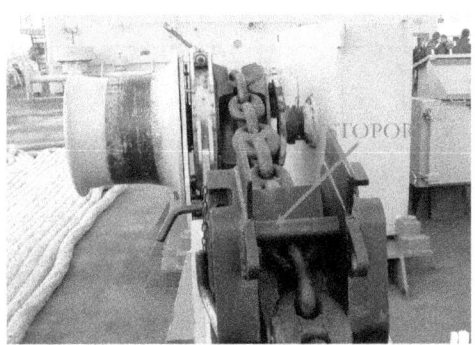

•ORINQUE Y BOYARIN

•ORINQUE Y BOYARÍN: SE UTILIZAN PARA CONOCER LA POSICIÓN DEL ANCLA CUANDO SE ESTÁ FONDEANDO Y SI FALTA LA CADENA PODER RECUPERAR EL ANCLA CONSISTE EN UN BOYARÍN UNIDO AL ANCLA POR UN CABO DE PEQUEÑA MENA LLAMADO ORINQUE

•MAQUINAS DE LEVAR

LAS MÁQUINAS EMPLEADAS EN LA MANIOBRA DE ANCLAS SON LAS MISMAS QUE SE UTILIZAN PARA TEMPLAR LAS ESTACHAS. PUEDEN SER DE DOS CLASES: DE EJE VERTICAL O DE EJE HORIZONTAL, DENOMINÁNDOSE A LAS PRIMERAS CABRESTANTES, Y A LAS SEGUNDAS CHIGRES, MAQUINILLAS O MOLINETES.

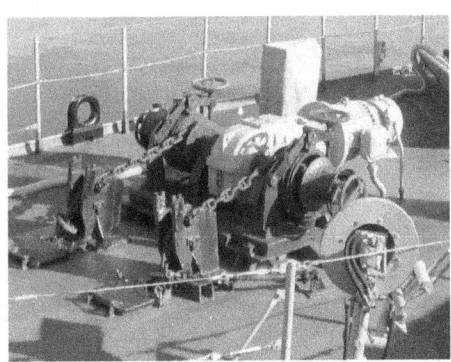

• CABRESTANTE

•CHIGRE O MOLINETE

•MAQUINAS DE LEVAR

CABRESTANTE: CONSTA DE DOS PARTES PRINCIPALES:

1. EL TAMBOR, PARA EL TEMPLADO DE LOS CABOS DE AMARRE.

2. EL BARBOTÉN, PARA EL MANEJO DE LA CADENA DEL ANCLA.

TODO EL CONJUNTO ESTÁ MOVIDO POR UN EJE MOTOR, CUYO MOVIMIENTO LO PRODUCE UN MOTOR ELÉCTRICO.

➤EL EJE MOTOR DA MOVIMIENTO AL TAMBOR Y ESTE POR MEDIO DE UN EMBRAGUE MUEVE EL BARBOTÉN.

➤EXISTE TAMBIÉN UN FRENO PARA IMPEDIR EL MOVIMIENTO DEL BARBOTÉN.

➤EL BARBOTÉN SE MUEVE SIN ESTAR EMBRAGADO, CUANDO AL FONDEAR ES ARRASTRADO POR LA CADENA. EN ESTA OCASIÓN SE UTILIZA EL FRENO PARA REDUCIR LA VELOCIDAD DE SALIDA DE LA CADENA, O EVITAR QUE SALGA MÁS.

•MAQUINAS DE LEVAR

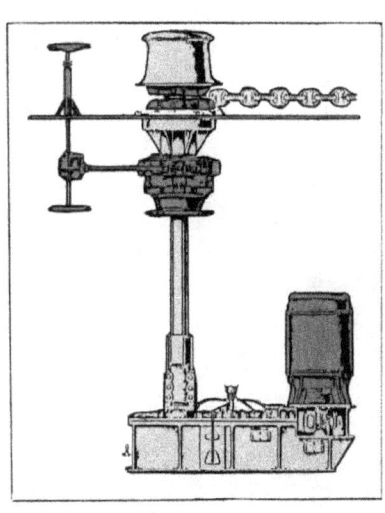

EMBRAGUE

FRENO

BARBOTEN

ZAPATA DEL FRENO

•MAQUINAS DE LEVAR

CHIGRES, MAQUINILLAS MOLINETES.- SU FUNCIONAMIENTO ES SIMILAR AL DEL CABRESTANTE. SE COMPONE DE:

1.UN MOTOR QUE MUEVE A DOS TAMBORES O CABIRONES A LA VEZ.

2.DOS EMBRAGUES QUE ACCIONAN CADA UNO A UN BARBOTÉN.

3.CADA BARBOTÉN DISPONE DE UN FRENO.

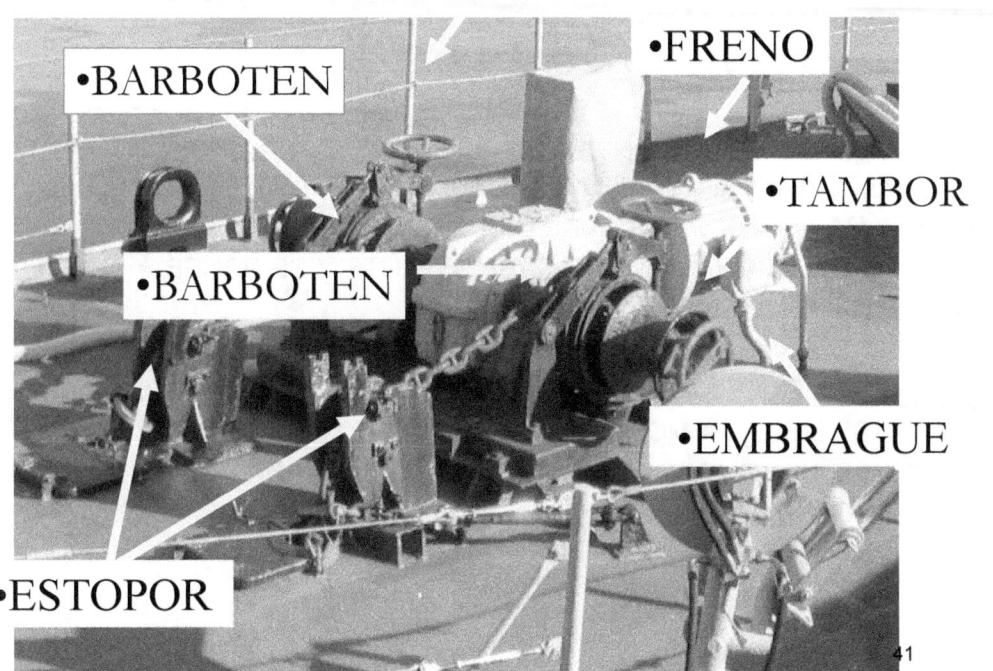

•FRENO

•FRENO

•BARBOTEN

•TAMBOR

•BARBOTEN

•EMBRAGUE

•ESTOPOR

41

•MANIOBRA DE FONDEO

ALISTAMIENTO PARA FONDEAR: EL ANCLA DEBE PREPARARSE PARA FONDEAR ANTES DE LA LLEGADA PUERTO, O COMO PRECAUCIÓN CUANDO SE ENTRA EN AGUAS DE POCA SONDA.

PARA ELLO CUANDO NOS DISPONEMOS A FONDEAR:

1.-SE DA CORRIENTE AL CABRESTANTE Y SE PRUEBA.

2.-SE ABRE LA CAJA DE CADENAS.

3.-SE LEVANTAN LAS TAPAS DE GATERAS.

4.-SE DEJA EL ANCLA AGUANTADA POR UNA SOLA BOZA.

5.-SE LIBRA LA MORDAZA SI LA HAY.

6.-SE COMPRUEBA QUE EL BARBOTÉN ESTA DESEMBRAGADO

•MANIOBRA DE FONDEO

7.-SE QUITA EL FRENO.

8.- SE INSPECCIONARÁ EL CAMINO QUE SEGUIRÁ LA CADENA, PARA CERCIORARSE QUE TODO ESTÁ CLARO Y NO HAY OBSTÁCULO ALGUNO QUE PUEDA ENTORPECER SU LIBRE SALIDA.

9.-ASEGURARSE DE QUE NO HAY NINGÚN PERSONAL EN LAS INMEDIACIONES DE LA CADENA.

10.-TRAS ESTAS OPERACIONES, TODO ESTÁ PREPARADO PARA QUE UN GOLPE DE MARTILLO, ESCAPOLE EL GANCHO DISPARADOR Y EL ANCLA Y LA CADENA CAIGAN POR SU PROPIO PESO.

SIEMPRE QUE SE FONDEE ORINCAR EL ANCLA. (MARCAR EL ANCLA CON UN BOYARÍN PARA QUE, SI SE ROMPIERA LA CADENA, TENERLA LOCALIZADA)

•FONDEAR

➢FONDEAR: MOMENTOS ANTES DE LLEGAR AL FONDEADERO:

➢ 1. DESDE EL PUENTE SE DA LA VOZ DE LISTO PARA FONDEAR.

➢ 2. A LA VOZ DE FONDO, EL MARINERO DE PROA ABRE EL GANCHO DE LA BOZA CON UN GOLPE DE MANDARRIA CON LO QUE QUEDA EL ANCLA EN LIBERTAD.

➢ 3. AL CAER EL ANCLA, ARRASTRA LA CADENA QUE, POR EFECTO DE ARRANCADA DEL BUQUE QUEDA TENDIDA POR EL FONDO.

➢ 4. LLEGADO ESTE MOMENTO, SE ACTÚA SOBRE EL FRENO DEL BARBOTÉN PARA QUE LA CADENA TEMPLE Y, EL ANCLA SE CLAVE EN EL FONDO.

➢ 5. EL FRENADO DE LA CADENA DEBE HACERSE DE FORMA PROGRESIVA, Y NO DE GOLPE, PUES PODRÍA FALLAR LA CADENA.

•FONDEAR

➤6. FILAMOS LA CANTIDAD DE CADENA NECESARIA.

➤7. FINALMENTE FRENAMOS Y ABOZAMOS LA CADENA.

➤8. ES UNA BUENA PRÁCTICA EL CANTAR LOS GRILLETES A MEDIDA QUE VAN SALIENDO.

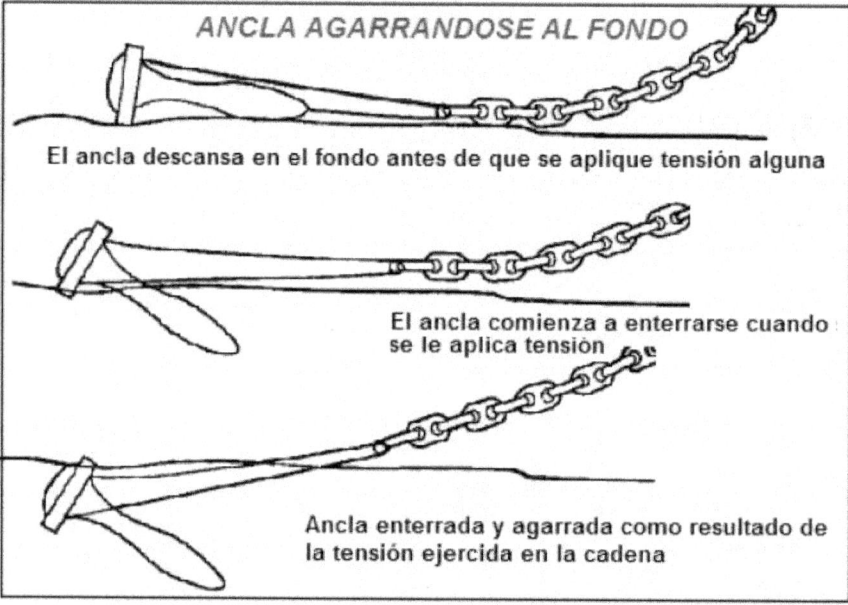

ANCLA AGARRANDOSE AL FONDO

El ancla descansa en el fondo antes de que se aplique tensión alguna

El ancla comienza a enterrarse cuando se le aplica tensión

Ancla enterrada y agarrada como resultado de la tensión ejercida en la cadena

46

•LONGITUD DE LA CADENA A FILAR: LA LONGITUD DE CADENA QUE SE DEBE FILAR, TIENE UNA RELACIÓN DEFINIDA CON LA SONDA DEL LUGAR EN QUE SE FONDEÉ. SUELE SER DE UNAS TRES A CUATRO VECES LA SONDA.

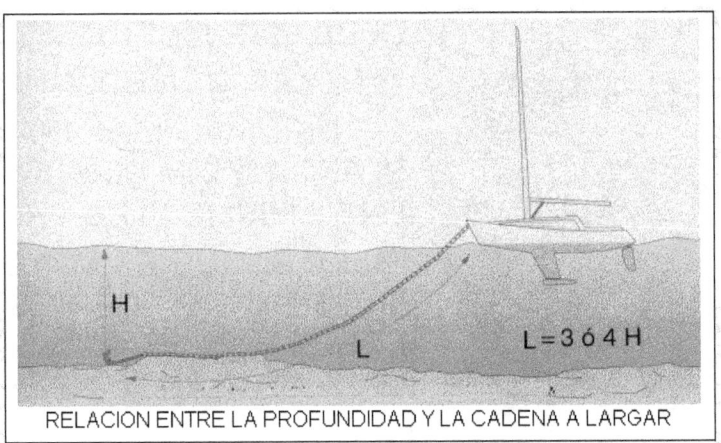

RELACION ENTRE LA PROFUNDIDAD Y LA CADENA A LARGAR

47

MARCAS DE FONDEO

SEÑAL DEL REGLAMENTO DE ABORDAJES: CUANDO SE DEJE CAER EL ANCLA, SE DEBE IZAR EN EL CASTILLO:

1.-DE DIA: UNA BOLA NEGRA.

2. DE NOCHE: UNA LUZ BLANCA ONMIDIRECCIONAL EN EL MISMO SITIO.

•SI EL BUQUE ES MAYOR DE 50 METROS DE ESLORA DEBERÁ LLEVAR ADEMÁS UNA LUZ BLANCA A POPA.

FONDEADERO: LLAMADO TAMBIÉN TENEDERO, ES EL SUELO DEL FONDO DEL MAR DONDE DESCANSA Y AGARRA EL ANCLA. ASÍ, SE UTILIZA EXPRESIÓN DE BUEN TENEDERO PARA SEÑALAR UN FONDEADERO DONDE EL ANCLA AGARRA BIEN, O MAL TENEDERO EN CASO CONTRARIO.

LOS MEJORES TENEDEROS SON: ARENA FINA Y DURA, ARENA FANGOSA Y FANGO.

➤ARENA: ES EL TENEDERO DE MEJORES CUALIDADES PARA AGARRAR.

➤PIEDRA: ES EL PEOR TIPO DE TENEDERO, PUES EL ANCLA RESBALA SOBRE ELLA SIN LLEGAR A AGARRAR, CORRIENDO ADEMÁS EL PELIGRO DE ENROSCARSE O ENGANCHARSE ENTRE LAS ROCAS, CON LO QUE AL LLEGAR EL MOMENTO DE IZARLA NO SE PODRÁ CON ELLA Y SE PERDERÁ. SI A PESAR DE LOS INCONVENIENTES APUNTADOS, SE HACE PRECISO FONDEAR EN ESTE TIPO DE FONDO, SE HARÁ ARRIANDO EL ANCLA POCO A POCO CON EL BARBOTÉN EMBRAGADO Y SOBRE LA MAQUINILLA. CASO DE DEJAR CAER EL ANCLA DE GOLPE COMO ES HABITUAL, CORRE EL PELIGRO DE ROMPERSE AL CHOCAR CON LA PIEDRA.

➢CASCAJO: CONSISTE EN UN CONJUNTO DE PIEDRECITAS Y GUIJARROS. SU FACILIDAD PARA QUE EL ANCLA AGARRE NO ES TAN GRANDE COMO EN LA ARENA, PERO ES MUCHO MEJOR QUE LA PIEDRA.

➢FANGO: EL FANGO TIENE BUENAS CUALIDADES DE AGARRE PUES EL ANCLA SE SUMERGE EN EL. EL PELIGRO QUE TIENE ES QUE SE TRAGUE EL ANCLA, ES DECIR, QUE SE ENTIERRE DEMASIADO Y, LLEGADO EL MOMENTO DE IZARLA, NO SE PUEDA CON ELLA.

➢ CUANDO HA DE PERMANECER EL ANCLA POR LARGO TIEMPO EN PARAJES DE FANGO BLANDO, ES CONVENIENTE REMOVER LAS ANCLAS PERIÓDICAMENTE, ES DECIR, LEVAR Y VOLVER A FONDEAR, PARA EVITAR QUE SE ENTIERREN DEMASIDO. ESTA OPERACIÓN SE DENOMINA REFRESCAR EL ANCLA.

➢ALGA: EL ALGA ES UN TIPO DE FONDO DEL CUAL NO SE CONOCE LO QUE HAY DEBAJO. PUEDE SER UN BUEN TENEDERO O NO, DEPENDIENDO DE QUE ESTE SOBRE ARENA O ROCA. POR PRINCIPIO DEBE DESCONFIARSE DE UN FONDO DE ALGAS.

○RESUMEN

Nº-ESLABONES	COLOR KENTER	Nº-ESLABONES ADYACENTES	VUELTAS ALAMBRE
1 (27 METROS)	ROJO	1	1
2 (54 METROS)	**BLANCO**	2	2
3 (81 METROS)	AZUL	3	3
4 (108 METROS)	ROJO	4	4
5 (135 METROS)	**BLANCO**	5	5
6 (162 METROS)	AZUL	6	6

51

•EJEMPLO DE CÁLCULO DEL NÚMERO DE EQUIPO (EN)

ANEXO I:
REGLAMENTO ABS DEL NUMERAL DE EQUIPO

CALCULO DEL NUMERAL DE EQUIPO

De acuerdo con el Capítulo 1º, Sección 7ª de la parte 3 de las reglas de la Sociedad de Clasificación (ref. e), el Numeral de Equipo viene dado por la fórmula:

$$N_c = \Delta^{2\,3} + 2BH + \frac{A}{10}$$

Donde:

N_c: Numeral de Equipo.

Δ: Desplazamiento de trazado correspondiente a la flotación de verano (t).

B: Manga máxima de trazado (m).

H: Francobordo en la maestra más la suma de las alturas, en la línea central, de las hileras de casetas que tengan una manga mayor de B/4 (m).

A: Área lateral comprendida dentro de la eslora reglamentaria por encima de la flotación de verano, incluidas superestructuras y casetas con una manga mayor de B/4 (m).

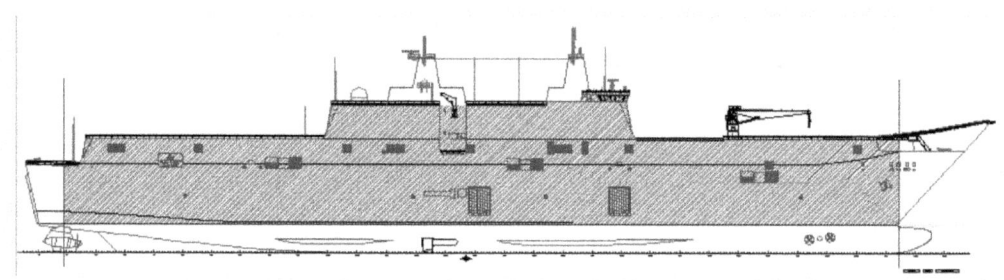

Δ	23418 t (Desplazamiento de diseño)
B	32 m
H	32 m
Eslora reglamentaria	199,7 m
A	5350 m²

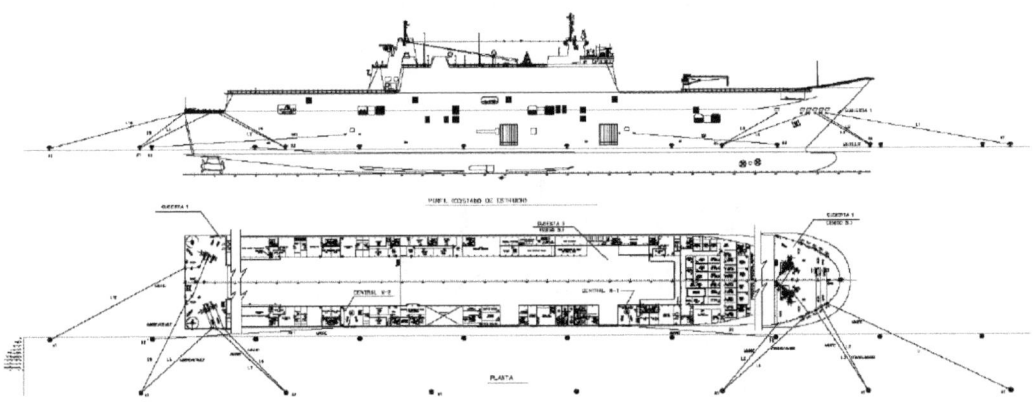

PERFIL COSTADO DE ESTRIBOR

PLANTA

55

TABLE 1 (continued)
Equipment for Self-propelled Ocean-going Vessels

SI, MKS Units

		Stockless Bower Anchors			Chain Cable Stud Link Bower Chain		
						Diameter	
Equipment Numeral	Equipment Number*	Number	Mass per Anchor, kg	Length, m	Normal-Strength Steel (Grade 1), mm	High-Strength Steel (Grade 2), mm	Extra High-Strength Steel (Grade 3), mm
U41	3210	3	9900	660	100	87	78
U42	3400	3	10500	660	102	90	78
U43	3600	3	11100	687.5	105	92	81
U44	3800	3	11700	687.5	107	95	84
U45	4000	3	12300	687.5	111	97	87
U46	4200	3	12900	715	114	100	87
U47	4400	3	13500	715	117	102	90
U48	4600	3	14100	715	120	105	92
U49	4800	3	14700	742.5	122	107	95
U50	5000	3	15400	742.5	124	111	97
U51	5200	3	16100	742.5	127	111	97
U52	5500	3	16900	742.5	130	114	100
U53	5800	3	17800	742.5	132	117	102
U54	6100	3	18800	742.5	—	120	107
U55	6500	3	20000	770	—	124	111
U56	6900	3	21500	770	—	127	114
U57	7400	3	23000	770	—	132	117
U58	7900	3	24500	770	—	137	122
U59	8400	3	26000	770	—	142	127
U60	8900	3	27500	770	—	147	132
U61	9400	3	29000	770	—	152	132
U62	10000	3	31000	770	—	—	137
U63	10700	3	33000	770	—	—	142
U64	11500	3	35500	770	—	—	147
U65	12400	3	38500	770	—	—	152
U66	13400	3	42000	770	—	—	157
U67	14600	3	46000	770	—	—	162

* For intermediate values of equipment number, use equipment complement in sizes and weights given for the lower equipment number in the table.

56

TABLE 2 (continued)
Towline and Hawsers for Self-propelled Ocean-going Vessels

SI & MKS Units

| Equipment Numeral | Equipment Number* | Towline Wire or Rope | | | Hawsers | | | |
		Length, m	Breaking Strength, kN	kgf	Number	Length of Each, m	Breaking Strength, kN	kgf
U41	3210	280	1471.0	150000	5	200	554.0	56500
U42	3400	280	1471.0	150000	5	200	588.0	60000
U43	3600	300	1471.0	150000	6	200	618.0	63000
U44	3800	300	1471.0	150000	6	200	647.0	66000
U45	4000	300	1471.0	150000	7	200	647.0	66000
U46	4200	300	1471.0	150000	7	200	657.0	67000
U47	4400	300	1471.0	150000	7	200	667.0	68000
U48	4600	300	1471.0	150000	7	200	677.0	69000
U49	4800	300	1471.0	150000	7	200	686.0	70000
U50	5000	300	1471.0	150000	8	200	686.0	70000
U51	5200	300	1471.0	150000	8	200	696.0	71000
U52	5500	300	1471.0	150000	8	200	706.0	72000
U53	5800	300	1471.0	150000	9	200	706.0	72000
U54	6100	300	1471.0	150000	9	200	716.0	73000
U55	6500	300	1471.0	150000	9	200	726.0	74000
U56	6900	300	1471.0	150000	10	200	726.0	74000
U57	7400	300	1471.0	150000	11	200	726.0	74000
U58	7900				12	200	736.0	75000
U59	8400				12	200	736.0	75000
U60	8900				13	200	738.0	75000
U61	9400				14	200	736.0	75000
U62	10000				15	200	736.0	75000
U63	10700				16	200	736.0	75000
U64	11500				17	200	736.0	75000
U65	12400				18	200	736.0	75000
U66	13400				19	200	736.0	75000
U67	14600				21	200	736.0	75000

* For intermediate values of equipment number, use equipment complement in sizes and weights given for the lower equipment number in the table.

TABLA NUMERAL DE EQUIPO (Lloyd´s Register)

NUMERAL DEL EQUIPO (Véase D 3403)		LETRA DEL EQUIPO	ANCLAS DE LEVA SIN CEPO		ANCLA DE ESPIA SIN CEPO	CADENA DE ANCLA CON ESLABÓN DE CONTRETE PARA ANCLAS DE LEVA				CADENA O CABLE DE ESPIA		ESTACHA DE REMOLQUE		ESTACHAS DE AMARRE		
Excediendo de	Sin exceder de		Número	Peso por ancla		Longitud total	Diámetro			Longitud mínima	Resistencia mínima a la rotura	Longitud mínima	Resistencia mínima a la rotura	Número	Longitud mínima de cada estacha	Resistencia mínima a la rotura
							Acero suave (Tipo 1 ó U 1)	Acero calidad especial (Tipo U 2)	Acero calidad extra-especial (Tipo U 3)							
				Kg.	Kg.	Metros	mm.	mm.	mm.	Metros	Kg.	Metros	Kg.		Metros	Kg.
50	70	A	2	180	60	220	14	12,5	—	80	6600	180	10000	2	160	6600
70	90	B	2	240	80	220	16	14	—	85	7500	180	10000	2	160	6600
90	110	C	2	300	100	247,5	17,5	16	—	85	8300	180	10000	2	160	6800
3600	3800	Q†	3	11100	—	687,5	105	92	81	—	—	300	150000	6	200	36000
3800	4000	R†	3	11700	—	687,5	108	95	84	—	—	300	150000	6	200	37000
4000	4200	S†	3	12300	—	687,5	111	98	87	—	—	300	150000	7	200	38000
4200	4400	T†	3	12900	—	715	114	100	87	—	—	300	150000	7	200	39000
4400	4600	U†	3	13500	—	715	—	102	90	—	—	300	150000	7	200	40000
4600	4850	V†	3	14250	—	715	—	105	92	—	—	300	150000	7	200	41000
4850	5100	W†	3	15000	—	742,5	—	108	95	—	—	300	150000	7	200	42000
5100	5400	X†	3	15800	—	742,5	—	111	98	—	—	300	150000	8	200	44000
5400	5700	Y†	3	16700	—	742,5	—	114	100	—	—	300	150000	8	200	46000
5700	6000	Z†	3	17600	—	742,5	—	117	102	—	—	300	150000	8	200	48000
6000	6300	A*	3	18500	—	742,5	—	120	105	—	—	300	150000	8	200	50000

EQUIPO DE AMARRE Y FONDEO

El equipo de amarre y fondeo está especificado por las sociedades de clasificación según un valor llamado número de equipo, al que se le asigna un código denominado numeral de equipo. El número de equipo tiene la siguiente expresión:

$$NE = \Delta^{\frac{2}{3}} + 2 \cdot B \cdot h + 0.1 \cdot A$$

$\Delta = 88.007\ t$ *Desplazamiento en máxima carga.*

$B = 32,2\ m$ *Manga del buque.*

$h = 24,90\ m$ *Altura desde la flotación hasta el techo de la caseta más alta. Entendemos por caseta toda estructura por encima de la cubierta resistente y que se extienda más del 25% de la manga del buque.*

$A = 1.609,5\ m^{2}$ *Área transversal del buque por encima de la flotación e incluyendo a todas las superestructuras que sean casetas y estén entre perpendiculares.*

$$NE = 88.007^{\frac{2}{3}} + 2 \cdot 32,2 \cdot 24,90 + 0.1 \cdot 1.609,5 = 3.743$$

El código del numeral de equipo es U44 (la correspondiente al número inmediatamente superior al calculado, es decir, 3800) según el ABS 2008, Part 3, Chapter 5, Section 1, pagina 269 (ver anexo). Para esa letra tengo el siguiente equipo:

- 3 anclas sin cepo (1 de respeto) de 11700 kg. cada una para la maniobra de fondeo de proa.
- 687,5 m. de cadena con contrete de acero forjado de 84 mm de diámetro, y de calidad grado 3 (25 largos de 27,5 m)
- 1 equipo de grilletes de entalingado, unión, arganeo, giratorios, etc.
- 2 estopores de rodillo, para cadena de 84 mm de diámetro.
- 2 escobenes de anclas para la maniobra de fondeo de proa.
- 1 cable de remolque de 300 m. de longitud y 1471 kN de C. R.
- 6 amarras de polipropileno de 200 m. cada una y 647 kN de C. R.

MANIOBRA DE FONDEO:

A falta de otros condicionantes especificados por el Armador, para fijar las características de proyecto de los molinetes podemos basarnos en las prescripciones dadas por los hermanos *Carral Couce* en el artículo técnico titulado "Normas prácticas para el diseño de molinetes de ancla" publicado en la revista "Ingeniería Naval" de Mayo 99.

Por lo tanto se instalarán dos unidades mono-ancla de accionamiento electro-hidráulico (ya que esto es lo recomendable cuando el diámetro de la cadena es mayor de 70 mm), capaces de izar el ancla y cuatro largos de cadena (110 m) a una velocidad de 10 m/min .

La potencia necesaria en cada barbotén para el izado del ancla y la cadena, (sin considerar el esfuerzo requerido para el despegue del ancla del fondo que se logrará dotando al molinete de una velocidad más corta que durante el izado para tener una tracción mayor), viene dada por la fórmula:

$$P(C.V.) = \frac{0.87 \cdot \left(Pa + 0.02 \cdot d_c^{\;2} \cdot L\right) \cdot v_s}{4500 \cdot \eta_m \cdot \eta_e}$$

donde:

P = potencia del molinete en CV

P_a = peso del ancla en kg

dc = diámetro de la cadena (mm)

L = longitud de la cadena (m)

vs = velocidad de izado en m/min: 9-11 (tomo 10)

ηm = rendimiento del molinete: 0,4-0,8 (tomo 0,6)

ηe = rendimiento del escobén: 0,5-0,7 (tomo 0,6)

$$P(C.V.) = \frac{0.87 \cdot \left(11700 + 0.02 \cdot 84^2 \cdot 687.5\right) \cdot 10}{4500 \cdot 0.6 \cdot 0.6} = 583 = 429.7 Kw$$

Para zarpar el ancla del fondo, el motor debe vencer el poder de agarre de esta. Por esta razón el motor durante 2 minutos deberá ejercer la potencia instantánea calculada mediante la siguiente expresión:

$$P'(C.V.) = \frac{\left(2.1 \cdot Pa + 0.02 \cdot d_c^{\;2} \cdot L\right) \cdot v_s}{4500 \cdot \eta_m \cdot \eta_e} = 750 = 552 Kw$$

MANIOBRA DE AMARRE EN POPA:

Para la maniobra de amarre de popa, se montarán en la cubierta principal 2 maquinillas, de accionamiento hidráulico.

La potencia de estas maquinillas será pequeña pues la maniobra de amarre no tiene grandes requisitos.

A falta de otras condicionantes especificadas por el Armador podemos basarnos en las prescripciones dadas en el artículo técnico de "Normas prácticas para el diseño de chigres de carga y maniobra" de la revista "Ingeniería Naval" de Junio del 99, para fijar las características de proyecto de los chigres de amarre. Según el artículo tenemos:

- Los elementos mecánicos de los chigres de maniobra deberán resistir, de modo continuo y sin sobrepasar los límites de tensión admitidos en el diseño, una carga estática superior en un 50% a la carga nominal de trabajo.

- El motor del chigre debe ser capaz de ejercer durante una hora en continuo la siguiente potencia:

$$P(cv) = \frac{0.23 \cdot T \cdot v_s}{\eta_t}$$

Donde:
T: tracción (ton) = 15 tons.
vs: velocidad de izado (m/min) =20 m/min
ηt: rendimiento de la transmisión=0,65

Por lo que la potencia será:
P = 106,2 cv

VERIFICACIÓN DEL VOLUMEN DE LA CAJA DE CADENAS:

Podemos calcular el volumen ocupado por la cadena según la siguiente fórmula:

$$V_{CADENA} = 0.082 \cdot d^2 \cdot l \cdot 10^{-4}$$

$$d = 84 \; mm.$$

$$l = 687,5 \; m. \; \text{(25 largos de 27,5 m.)}$$

$$V_{CADENA} = 39.77 \; m^3$$

Este volumen estimado sumado al espacio que ocupará el enjaretado para apoyar la cadena y permitir la recogida de lodos y agua y teniendo en cuenta un margen que hay que dejar entre el techo de tanque de cadenas y la máxima altura ocupada por la cadena, que será de un mínimo de 2 metros, se podría suponer un volumen para la caja de cadenas de aproximadamente 80,0 m³. En total 160,0 m³ por tener dos cadenas, una por babor y otra por estribor.

El volumen supuesto de caja de cadenas en el momento de hacer el compartimentado fue de 339 m³ para estribor y babor, esto es, sobre 169 m³ para cada banda. Se ve que el volumen dispuesto sobrepasa sobradamente el calculado.

FOTOS

65

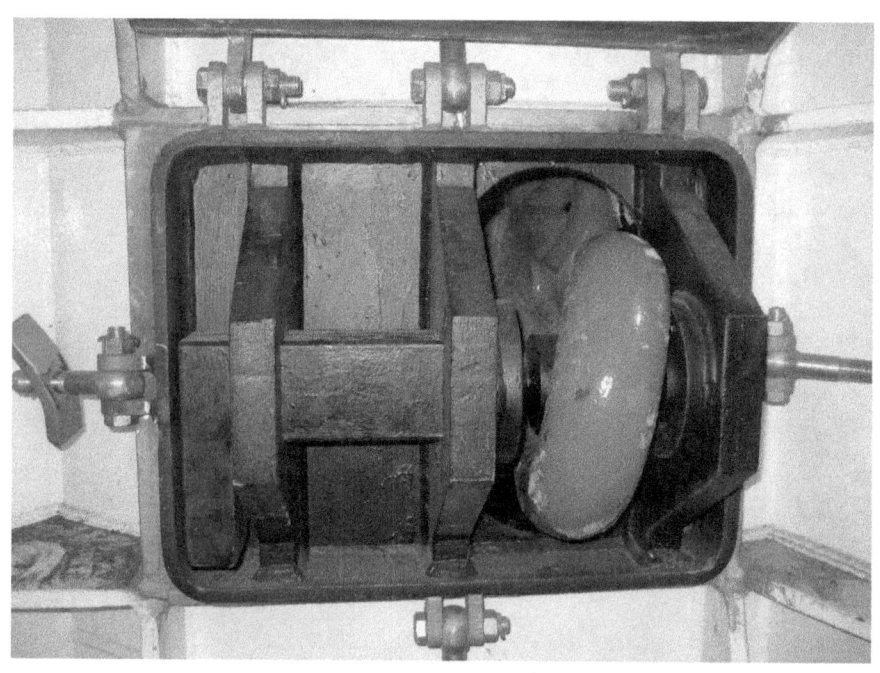

67

FIN